Der Autor

Detlev Pieper ist in Berlin geboren, hat als selbstständiger Jurist, Techniker, Kaufmann und Bauunternehmer gearbeitet und in München, Kalifornien, Mexiko und auf der Insel La Palma gelebt. Seiner Passion folgend hat er in diesen Ländern private Häuser und Gastronomiebetriebe gebaut und ausgebaut, immer in engem Kontakt mit den Einheimischen und beständig neugierig wie andere Menschen in fernen Ländern leben, denken und fühlen. Heute lebt er im Wechsel in Deutschland und auf La Palma.

Gewidmet **den** Kindern in unserer Welt, die geboren und schon verloren.

Detlev Pieper

SOS –

Spielkasino Erde

Die Realität überholt die Traumtänzer

© 2020 Detlev Pieper

Verlag & Druck: tredition GmbH, Halenreie 40-44, 22359 Hamburg

ISBN
Paperback   978-3-347-08657-9
e-Book   978-3-347-08659-3

Inhalt

Vorwort

Dieses kurz gefasste, kompakte Handbuch ist eine Sammlung von Gedanken, die in der weltweiten Klima- und Gesellschaftsdebatte fast noch nicht aufgetaucht sind, also auch noch kein Gehör gefunden haben. Sie werden einfach ausgeblendet, weil sie zu unbequem zu sein scheinen. Das Selbstbetroffensein und ein persönlicher Leidensdruck sind bei den einzelnen Menschen in der zivilisierten Welt einfach noch nicht da. Die heute schon z.T. schwer Betroffenen leben in den armen Ländern, sog. Drittstaaten. Sie haben keine Stimme bzw. keinen Einfluss in der Welt. Uns Bürgern der reichen westlichen Welt steht das Wasser eben noch nicht an der Nase. So glauben wir jedenfalls, weil wir gar nicht so genau hinschauen wollen. Wir wollen gar nicht alles wissen, wir können ja doch nichts machen. Wir wollen unsere Ruhe! So sagen zumindest viele Menschen.

Dieses Buch will kein wissenschaftliches Werk sein, verzichtet deshalb auch auf ein Quellenverzeichnis, basiert aber dennoch auf Fakten, Dokumentationen, Statistiken und Medienberichten. Am wichtigsten sind aber die über Jahre gesammelten Tatsachenberichte von Fachleuten und Menschen aus fernen Ländern, Kriegsflüchtlingen, Asylbewerbern, Wirtschaftsflüchtlingen und illegal zugewanderten Menschen, die ohne jeden Identitätsnachweis bei uns leben und versorgt werden. Also lesen Sie dieses Buch bitte nicht wie einen Abenteuerroman. Mit dem hier vorausgesetzten Basiswissen bietet es auch in dieser konzentrierten Form verständliche Denkanstöße und Lösungsansätze.

Einfach zum Nachdenken !
Nur reden schadet der Menschheit,
Wenig denken und viel reden ist Politik,

Denken und dann ein Umdenken ist gut,
Aber NEUdenken ist zwingend notwendig !!!
Das Alte löschen, ganz Neues erfinden !
Aus der Fantasie hin zur Idee, dann weiter denken,
Und dies hinterfragen auf reale Machbarkeit,
Dann das theoretisch Machbare in die Tat umsetzen,
Mit Mut, Energie und Ausdauer,
Danach den Erfolg gemeinsam genießen.

Realität 2020

Unser blauer Planet ist so bezaubernd schön. Unsere Natur ist ein Wunderwerk der Schöpfung. Wir Menschen haben es vom Affen über die Primaten und die Urmenschen bis hin zum modernen zivilisierten Menschen und zu einer ungeahnten Hochkultur geschafft. Gäbe es Marsmenschen, sie würden uns beneiden um dieses Leben auf unserem einmaligen, wunderschönen Planeten. Und wir wollen zum Mars! Sogar dort leben! Warum eigentlich, denn wir haben doch das beste Stück im Universum. Oder ist das nur eine größenwahnsinnige Idee verirrter Politiker und durchgedrehter Forscher oder sonstiger Technokraten? Es gibt wohl noch ganz andere Herausforderungen und Prioritäten in der heutigen Zeit.

Diejenigen, die eine auf uns zukommende Klimakatastrophe verharmlosen oder gar verneinen, sind verantwortungslose Ignoranten. Sie sind Menschen vom Typ skrupellos und ohne Gewissen. Wir sollten uns nicht durch sie verführen oder gar führen lassen. Sie wollen zum Beispiel als grandiose Vordenker schändlich viele Milliarden US-Dollar pro Jahr, d.h. Billionen in 10 Jahren, für die Marsmissionen verschleudern, nur um den Menschen der Zukunft eine Flucht auf einen fernen Planeten zu ermöglichen, wenn unser herrlicher, blauer Planet weitgehend durch eben diese Menschen zerstört worden ist. Allerdings um das erbärmliche Leben auf dem Mars den Erdmenschen schmackhaft zu machen, müssen diese kranken Gehirne noch unbeirrt nachhaltige Zerstörung leisten bis ein Leben auf dem Mars besser ist als das auf unserer Erde.

Die ganzen Klimakonferenzen von dem Kyoto-Protokoll von 1997 bis hin zu den Pariser Klima-Verträgen im Jahre 2015 haben außer einem sehr hohen Aufwand und der Verschiebung des einen Problems in einen anderen Problemkreis wenig gebracht. Mit diesen Konferenzen haben die Politiker der Welt ihre Bürger durch Abwiegeln und Schönreden versucht zu beruhigen und haben das auch sehr lange, ja bis heute geschafft, immerhin ein Vierteljahrhundert.

Der Klimawandel ist nicht mehr aufzuhalten, er ist schon da! Die frühen Ausläufer einer globalen Naturkatastrophe werden immer sichtbarer. Politiker sind nicht fähig, diese Katastrophe zu verhindern oder auch nur zu lindern. Deshalb wird weltweit diese verheerende Klimaveränderung schön geredet. Das hilft der Jugend und den künftigen Generationen gar nicht. Es ist seit Jahrzehnten genug geredet und verharmlost worden und es ist kaum etwas geschehen. Im Gegenteil: Die Zerstörung der Natur hat beängstigend zugenommen.

Endlich hat die Jugend die Einsicht und den Mut, sich ihre Zukunft nicht weiter zerstören zu lassen. Sie geht den legalen Weg des im Bürgerlichen Gesetzbuch geregelten Selbstverteidigungsrechtes des Bürgers, den friedlichen, gewaltlosen Widerstand durch Demonstrationen auf der Straße. Das wird den Start zum Umdenken und Handeln erzwingen.

Damit ist aber längst nicht alles getan!

Nach der Klimaveränderung sind die drei wichtigsten fundamentalen Probleme in dieser Welt:

1. Der Überfluss in den Industrieländern. Die Menschen in den anderen, ärmeren Ländern wollen auch denselben Lebensstandard haben wie wir in der westlichen Welt.

2. Die globalen Flüchtlingsströme und beginnende Völkerwanderungen.

3. Der enorme Zuwachs der Weltbevölkerung.

Folgende Lösungen bieten sich an:

Zu 1. Überflüssiges einsparen, ungefähr 25% und intensive Aufklärung in den Drittländern.

Zu 2. Massive freiwillige Hilfe und Unterstützung in den armen Ländern, aber keine Missionierung.

Zu 3. Jeder Mensch hat nur das Recht, **einen** Nachfolger, also ein Kind in die Welt zu setzen, aber nicht das Recht der uneingeschränkten Vermehrung. Wer mehr Kinder in die Welt setzt, muss per Gesetz jedes weitere zur Adoption freigeben oder Strafe in Kauf nehmen.

Der grundlegendste Ausgangspunkt zum sofortigen Handeln ist folgender. Es ist nicht schwer im Durchschnitt 25% von allem wegzulassen oder einzusparen bzw. auf das Überflüssige zu verzichten. Das tut niemandem weh, nach einigen Monaten der Umgewöhnung merken die Menschen das Weniger gar nicht mehr. Durch den Einfluss des Staates und den der Medien wird hoffentlich das umweltvernichtende Wachstumsdenken ersetzt durch Effizienz und Qualitätsbewusstsein.

Es wird dann im Durchschnitt ein Viertel weniger produziert mit hoher Qualität und einem wesentlich höheren Preis (mindestens 25%). Das heißt z.B.: Der Kunde erhält ein gleiches Produkt mit sehr viel höherer Lebensdauer und hat das gleiche Ergebnis wie früher. Er kauft nur einmal in drei Jahren anstatt zweimal wie früher.

Bei sehr viel höhere Qualität werden die einzelnen Produkte nicht einfach weggeschmissen, wenn sie nicht mehr funktionieren, sondern sie werden

repariert. Das wiederum kommt dem Reparatur-
handwerk sehr zugute.

Eine spürbare freiwillige materielle Hilfe für die
ärmeren Länder ergibt sich schon aus unserem
Grundgesetz. So ist es inakzeptabel, dass deutsche,
minderwertige Agrarprodukte wie tiefgefrorene
Hühnerinnereien nach Afrika exportiert werden
und damit den einheimischen Kleinbauern ihre
Existenz nehmen. Der Kleinbauer ist zu teuer mit
seinen **guten** Produkten.

Auch ist Hilfe und Unterstützung für Bedürfti-
ge, z.B. Kriegsflüchtlinge selbstverständlich. Wirt-
schaftsflüchtlinge und sogenannte Armutsflücht-
linge haben grundsätzlich nicht das Recht auf ein
Asyl in Deutschland. Hierfür muss zwingend ein
Einwanderungsgesetz von der Regierung und dem
Parlament geschaffen werden. Deutschland
braucht qualifizierte Einwanderer, aber eben nur
solche, die legal in die Bundesrepublik gekommen
sind. Die illegalen Zuwanderer ohne Identität, die
beispielsweise ihren Pass weggeworfen haben oder
sich eine Fantasie-Identität ausgedacht haben,
müssen bereits an der Außengrenze der EU abge-
wiesen werden. So kann die Rückführung illegal
eingewanderter Asylsuchender vermieden werden. Die Rückführungen sind sehr teuer, häufig
schwierig und manchmal sogar unmenschlich. Sie
bis auf Ausnahmefälle zu vermeiden ist gar nicht

so schwierig. Bei genauen Grenzkontrollen und zügiger Bearbeitung der Identitätsaufklärung und des Asylantrages werden Rückführungen weitgehend überflüssig.

Leider wird über das Internet und insbesondere die Smartphones ein völlig falsches Bild unseres Wohlstandes in den fernen Auswanderungsländern erweckt. Leider wird in den Drittländern unser Lebensstil als der real gelebte aller Menschen in diesen Zonen angesehen. Sogar unsere Luxus-Werbung wird häufig als normaler Lebensstil bewertet. Es ist also dringend erforderlich, die Auswanderungswilligen in ihren Ländern darüber aufzuklären, dass diese Verlockungen nicht der Realität entsprechen und nur falsche Illusionen erzeugen. Das große Problem in der Welt ist, dass heutzutage gleicher Lebensstandard für alle Bürger dieser Welt angesichts von acht Milliarden Menschen schon unmöglich ist!

25 Prozent weniger, ohne es zu merken

Wichtig ist, dass wir überall ein bisschen einsparen, ohne darunter zu leiden. Das bedarf nur eines guten Willens und einer gewissen Aufmerksamkeit in den Abläufen des täglichen Lebens. So ist es möglich, 25% weniger Strom, Gas, Kohle, Öl und Wasser zu verbrauchen.

Von höchster Bedeutung ist es, kein Trinkwasser mehr unnötig zu verplempern. Für Toilettenspülung, Bewässerung, Autowaschen, Hausreinigung, Duschen und Baden ist Brauchwasser völlig ausreichend. Es kann aus Flüssen und Seen entnommen werden und nach einer einfachen Filterung in den heute vorhandenen Leitungen, in denen jetzt noch Trinkwasser fließt, zu den Verbrauchern geleitet werden. Wasser mit Trinkwasserqualität kann in einem Leitungssystem mit dünnen Leitungen zusätzlich in die Haushalte geliefert werden. Oder es ist auch möglich, in den einzelnen Haushalten eine Nachbereitung vom Brauchwasser zum Trinkwasser vorzunehmen mit den in der Wasseraufbereitung üblichen Chemikalien und Filterungen. Das ist bei der geringen Menge an Trinkwasser, die in einem normalen Haushalt nötig ist, mit einer kleinen Filteranlage an einer Brauchwasserleitung zu bewerkstelligen. Auf diese Art und

Weise der Brauchwassernutzung kann sich das sehr tief liegende Grundwasser, aus dem wir heute zumeist unser Trinkwasser beziehen, nach und nach wieder von dem Überschuss an Nitratsalzen erholen. Gutes Trinkwasser brauchen nicht nur wir, sondern auch die nachfolgenden Generationen, um zu überleben.

Auch Benzin, Diesel, Gas, und Elektroenergie lassen sich bequem einsparen. Zum Beispiel kann man auf einer Einkaufsfahrt mehrere Einkäufe erledigen und spart dabei sehr viel Benzin oder Diesel. Heute fahren viele Leute für jeden Einkauf extra. So kann man sich wohl gut die Zeit vertreiben.

Die heutigen Verbrennungsmotoren müssen mit sehr viel geringeren Hubräumen gebaut werden, das heißt zum Beispiel ein kleiner Motor von 1000 Kubikzentimeter mit ungefähr 60 PS braucht vier bis fünf Liter pro 100 Kilometer. Alles darüber, z.B. ein 300 PS PKW, muss sehr teuer gemacht werden über den Verkaufspreis, den Benzinverbrauch und die KFZ-Steuer. Für den Status und das Ansehen des Autohalters dürfen nicht mehr die hunderte PS stehen, sondern im Gegenteil ist der König, der mit wenigen PS auskommt. Angeben und das Verlangen nach höherem Ansehen muss sehr teuer werden. Wer für seine Mitmenschen spart, genießt dann hohes Ansehen!

Der LKW-Verkehr muss weitgehend auf die Schiene, die Motoren für alle Arten von Fahrzeugen müssen auf die Hälfte der PS oder noch weiter reduziert werde. Logistik, das heißt kostenlose Lagerhaltung auf den Autobahnen muss beendet werden, die Autobahnmaut muss erhöht werden und die Bahn muss viel billiger werden.

Der flächendeckende Ausbau von E-Zapfsäulen ist der falsche Weg, da die Elektromobiltät nur für kurze Strecken geeignet ist. Die Aufladung der Akkumulatorenbatterien in kleinen Elektrofahrzeugen für Kurzstrecken sollte so weit wie möglich in den Nachtstunden erfolgen. Im übrigen hat für Langstrecken die Elektro-Mobilität sehr geringe Chancen, da die Aufladezeiten in der heutigen Zeit viel zu lange sind das, heißt z. B. 2 Stunden für eine Strecke von weniger als 100 km.

Die Zukunft gehört dem Wasserstoff-Auto und Wasserstoffantrieb, der Akku-Antrieb ist brauchbar für Pendler bis zu 100 km hin und zurück. Die beste Aufladung von kleinen Pendlerfahrzeugen ist die Steckdose im Hause oder am Hause für Nachtstrom. Der Straßenverkehr mit E-Autos, ob PKW oder Lastwagen ist nach heutigem Stand des Akkumulatorenbatterienbaus eine Sackgasse. Nur die Nachtstromaufladung der heutigen Akkumulatorenbatterien ist sinnvoll, da sie sehr preiswert ist.

Etwa 25% Stromverbrauch einzusparen ohne Verlustgefühle ist möglich. Auf Schritt und Tritt begleitet uns im Alltag die Elektrizität. Die meisten Maschinen und Werkzeuge funktionieren mit elektrischem Strom. Dieser Strom wird hauptsächlich durch Kohle, Öl und atomare Spaltung gewonnen, dazu kommen die Energiequellen wie Wasserkraft, Solarstrom und nicht zuletzt die Windkraft. Die zuletzt genannten sind die wieder erneuerbaren Energien, die heute schon zu einem Drittel des elektrischen Energieverbrauchs in Deutschland beitragen. Die sogenannten nicht erneuerbaren Energien müssen heute noch immer etwa 70% unseres gesamten Stromverbrauchs in Deutschland decken. Der Bau aller Großanlagen für die Herstellung der erneuerbaren Energien stellt eine erhebliche Umweltschädigung und damit auch eine Klimabelastung dar. Die Herstellung wieder erneuerbarer Energien stößt heute schon in vielen Regionen an ihre Grenzen, denn jetzt ist schon die Landschaft in einigen Regionen durch große Windkraftanlagen "optisch verspargelt" und der Widerstand in der Bevölkerung gegen noch mehr Windräder in der Nähe von Dörfern und Siedlungen nimmt ständig zu. Weitere große Windparks in der Nord- und Ostsee sind auch problematisch wegen sehr hoher Kosten und den weiten teuren Stromtrassen, die teilweise auch unter Wasser im Meer verlegt werden müssen. Windräder sind auch eine Gefahr für Tiere; viele Vögel werden durch Windradflügel erschlagen. Kollateralschaden!?

Nun wird durch die ungebremste Nachfrage nach Strom, nach immer mehr Strom, die Situation sehr kritisch. Wir müssen immer mehr Strom aus dem Ausland dazukaufen, der häufig aus Kohle- oder Atomkraftwerken kommt, nachdem wir in Deutschland gerade daraus aussteigen oder bereits ausgestiegen sind. Wo bleibt da eine logische Erklärung?

Wollen wir denn wirklich diesen unbegrenzte Luxus haben und nehmen dafür den sogenannten Klimawandel, der erkennbar zu einer Klimakatastrophe führt, in Kauf? Oder wollen wir uns ein wenig einschränken, ohne dass wir das auf Dauer merken, indem wir ein Viertel weniger Stromenergie verbrauchen? Das würde uns nicht wirklich weh tun, aber sofort Wirkung zeigen.

Von den vielen Hunderten an Beispielen von überflüssigen Werkzeugen und Maschinen, die heutzutage häufig mit Batterien angetrieben werden, sollen hier nur einige genannt werden: Der Laubbläser, diese Dreck- und Bakterienschleuder, das elektrische Küchenmesser, der Akkurasenmäher und unendlich viele ziemlich sinnlosen Gegenstände des Alltags, die mit Batterien angetrieben werden.

Oder auch das Heizen mit Strom, wobei zu berücksichtigen ist, dass von den 100% an Energie, die in der Kohle steckt, 60% in Wärme verlorengehen und nur circa 40% in Strom umgesetzt werden. Danach werden die 40% beim Heizen wieder in Wärme verwandelt werden. Das ist umweltschädliche Energieverschwendung.

Auch beim Akkubetrieb der vielen Millionen in Haushalten und in kleinen Betrieben genutzten Apparate geht durch Transformation von Starkstrom auf 220 Volt und davon auf wenige Volt z.B. 6/12/24 V und den Ladevorgängen (Elektrolyse) viel Energie verloren. Das gilt auch für Stromenergie aus Rohöl und anderen fossilen Brennstoffen. Auch hier geht bei der Umwandlung sehr viel Energie verloren. Bei Erdgas sieht die Umweltbilanz kaum besser aus, denn die Verbrennung von Gas in Motoren oder Heizungen erzeugt neben Wasser auch Kohlendioxid und Kohlenmonoxid.

Der Teufelskreis schließt sich weiter damit, dass für **Kühlung** fast eben so viel Energie, in welcher Form auch immer, wie für das Heizen gebraucht wird. Die Kühlung von Kaufhäusern, Lagerhallen, Supermärkten, und im Rahmen der Klimaerwärmung nicht zuletzt auch in Häusern, Schiffen, Autos und vielen anderen Orten ist eine schwere Belastung für das Weltklima. Hier müssen wir auf die Bremse treten und weniger Energie verbrauchen, das heißt wenigstens 25% weniger. Daran würden wir uns schnell gewöhnen, denn das macht kaum einen Unterschied bei der Zimmertemperatur oder der Temperatur in Kaufhäusern etc.. So würde das zum Beispiel in einem Kaufhaus oder Supermarkt nur zwei Grad Celsius ausmachen, das heißt anstatt auf 19 Grad herunter zu kühlen wäre es ausreichend, auf 21 Grad Celsius herunter zu kühlen. Das würden die Kunden nicht einmal merken, wenn draußen im Freien 25 bis 30 Grad Celsius herrschen.

Es gibt aber noch ganz andere Möglichkeiten ein bisschen weniger zu verbrauchen: Wenn man anstatt täglich nur ein- oder zweimal in der Woche zum Einkaufen fährt, spart man mehr als 50 % an Treibstoff. Hierbei ist es egal, ob man mit dem Auto mit Elektrik, Benzin oder Diesel fährt. Dasselbe gilt auch für Berufstätige, z.B. Handelsvertreter, die auf einer Fahrt nicht nur einen, sondern gleich mehrere Kunden besuchen. Das gilt auch für das Fliegen: Einmal lang ist besser als zehn mal kurz. Urlaubshektik ist teuer und schadet der Gesundheit, Genießen ist besser für Kopf, Leib und Seele.

Überfluss schafft Überdruss

Wir leben in einer Überfluss- und Wegwerfgesellschaft mit ausgeprägter Schnäppchenjagdenergie, sprich in einer Welt des skrupellosen Mega-Egoismus, in verlogenem Gutmenschentum. Wir glauben meistens, wir seien gut; eine angenehme Selbsttäuschung; tatsächlich sind wir häufig kaltherzig in blindem Egoismus und Ausbeuter mit gutem Gewissen!

Die nur noch praktizierte Flickschusterei in der Politik zeigt deren totales Versagen und Zukunftsunfähigkeit. Die beschwichtigende Schönrederei und Wichtigmacherei der unwichtigen Dinge und Themen muss aufhören! Wie? Proteste und Demonstrationen und zivilen Ungehorsam wie Greta Thunberg ihn vorgezeigt hat und den Einfluss der Medien, die selbst erst einmal ihre Einseitigkeit aufgeben und zugunsten von Ausgewogenheit umdenken müssen.

Wenn nur die Deppen und Pegida-Schreier und einige laute Fanatiker das Sagen haben, ist es schlecht um uns Bürger bestellt. Wir alle müssen uns eben um gute "Macher", das heißt führende Persönlichkeiten, kümmern. Wenn wir das nicht tun, kommt es eben wie es kommt; meistens dann das Ungewollte. Die beiden großen Volksparteien

(SPD und CDU) sind am untergehen, weil sie viele unfähige Leute an der Spitze haben. Sie haben die Zeichen der Zeit zwar erkannt, verdrängen aber um ihres Machterhaltes und aus Eitelkeit die Realität. Sie verkennen dabei, dass dieses "Weiter so" in die Sackgasse führt. So hat zum Beispiel die SPD die totale Kassenbonpflicht für alle Gewerbetreibenden, auch die Kleinsten, eingeführt. Das kommt einer Geisterfahrt der Nichtrealisten gleich. Die Kleinen werden weiterhin betrügen im Kleinen und die Großen dasselbe tun im Großen. Daran ändert die Kassenbonpflicht nichts, aber riesige Papierberge als Problemabfälle belasten im ganzen Lande unser angeschlagenes Ökosystem.

Als Altkanzler Kohl regelmäßig vom Rechtsstaat sprach, zerfiel dieser bereits, denn anstatt der Gewaltenteilung verschmolzen die tragenden Säulen des Staates, Legislative, Exekutive und Justiz miteinander.

Heute ist Demokratie in aller Munde, in einer Zeit, da sie sich in ihrer beginnenden Auflösung befindet und zu etwas Neuem mutiert.

Die Sehnsucht nach dem Starken Mann ist schon verbreitet da, nur ein solcher fehlt zur Zeit noch. Die Ursache für diese Entwicklung wird von vielen Menschen an den Rändern, rechts und links, gesucht. In Wirklichkeit ist sie in der Mitte, in der

Auflösung des bürgerlichen Mittelstandes, zu finden.

Denk-und Redetabus sind unsere täglichen Begleiter geworden, sie haben sich zu politisch gewollten Richtlinien in unserer Demokratie entwickelt.

Ein Schwarzer ist in Tabu-Deutsch ein Dunkelpigmentierter, die seit mehr als einem halben Jahrhundert gebräuchlichen Worte Zigeunerbraten und Negerkuss gelten seit einiger Zeit als rassistisch abwertend. Diese fragwürdige Political Correctness lässt grüßen. Da lachen sogar die Ausländer, Verzeihung, die Menschen mit Migrationshintergrund und die Hühner.

Die Lufthansa ist völlig unverschuldet durch höhere Gewalt in Not geraten, da auf Anordnung der Regierung fast alle Flugzeuge am Boden bleiben müssen.

Nun soll ein staatlicher Milliardenkredit bereitgestellt werden. Die SPD mit ihrem Finanzminister will den Kredit nur gewähren, wenn sie Mitbestimmung im operativen Geschäft sowie im notwendigen Umbau des Konzerns erhält und auch noch zwei Aufsichtsratsposten bekommt. Das erinnert an einen orientalischen Basar! Ob das nicht wieder daneben geht? Ob die restlichen SPD-Wähler diese Muskelspiele in Corona-Notzeiten gut finden?

Der letzte Umweltgipfel in Paris im November 2019 hat nicht viel gebracht. Die Klimaverträge sind unverbindliche Lippenbekenntnisse, die insgesamt nicht viel nützen werden.

Es gibt eine wirksame Lösung für unser Politdilemma: Neue Politiker müssen her! Wie? Durch Wahlen und legale Demonstrationen, die auch von zivilem Ungehorsam begleitet sein können wie Greta Thunberg es mit Fridays for Future praktiziert. Die Allesversprecher müssen entlarvt werden und wegen ihrer Verlogenheit nicht mehr gewählt werden.

Das ewige Gezerre, der Streit um alles, muss auf das Wesentliche heruntergebremst werden, das heißt es muss an erster Stelle der Klimakatastrophe mit massiven Gegenmaßnahmen begegnet werden. Die wirksamsten Gegenmaßnahmen sind: Weg von der Wegwerfgesellschaft, dem ewigen Wachstumswahn, dem billigen Schnäppchendenken und dem "Immer Mehr"! Hin zum bescheideneren Leben. Es gilt den Egoismus, den Narzissmus, die Gier, den Neid und die Missgunst und nicht zuletzt die Großmannssucht im Volksbewusstsein durch Staat, Politik und Medien zu "outen". Ein

Gefühl für Bescheidenheit und Anstand muss wieder "in" sein.

Die Kirchen sind wichtige Wegbereiter für ein Umdenken der inzwischen Ungläubigen und der noch Gläubigen in Richtung der Bewahrung der Schöpfung, der Natur und dem bisher vernachlässigten Schutz der Umwelt. Sich deutlich dafür einzusetzen ist sicher mit dem Evangelium zu vereinbaren.

Die Vereinbarkeit ist wohl nicht so sicher, wenn zwei junge Pastorinnen sich vor einem Millionenpublikum im Fernsehen in einer Talkshow und auf YouTube als lesbisches Ehepaar outen.

Sie ist Vollpastorin und "Er" ist Hilfspastorin, sie wollen die Kirche in Schwung bringen, sie besser und moderner machen. In diesem Bemühen haben sie in ihrer Gemeinde in Eime bei Hildesheim den Gottesdienst in eine billige Bespaßungsshow für unreife Heranwachsende umfunktioniert. Die Kids finden einen solchen Komödianten-Gottesdienst einfach geil. Auch einige ältere Mitläufer klatschen Beifall dazu. Wer will denn nicht modern sein!

Die beiden Amtsträgerinnen brüsten sich selbst in ihrer Lesbenshow unter dem Dach der Kirche und verkünden auch noch stolz, dass sie ein Kind haben wollen, es selbst aber aus natürlichen Gründen nicht erzeugen können. Deshalb mussten sie sich bei einer dänischen Samenbank bedienen und konnten nun die gefrorenen Spermien eines auserwählten Spenders in einem Röhrchen im Fernsehen zur Schau stellen. Die inzwischen schwangere Hauptpastorin weiß noch nicht, was sie nach der Geburt mit dem Kind machen soll. Sie darf es selbst nicht als Mutter aufziehen, weil die derzeitigen Gesetzte das noch nicht zulassen, sagt sie. Also kommt es vorerst zu seinen Großeltern und dann wird es schon irgendwie weitergehen.

Ob sich da nicht die Oberhirten der evangelischen Landeskirche in ihrer grenzenlosen Toleranz verzockt haben? Rechtlich formell mag das schon alles in Ordnung sein. Die Evangelische Kirche in Deutschland (EKD) schweigt dazu. Ob das aber dem Ansehen der evangelischen Kirche förderlich ist, bleibt offen.

Eine Warnung an die Positivisten in unserer Gesellschaft:

Wenn die bestehenden, verfassungskonformen Gesetze und alle untergeordneten Vorschriften etc. nicht mehr zum GEBRAUCH der Bürger genutzt werden, sondern häufig zum MISSBRAUCH, formal richtig, aber dennoch gesetzwidrig ausgenutzt werden durch massenhafte Umgehung der Gesetze, dann ist die Demokratie am Ende.

Sie wird mehr und mehr zu einer Diktatur, weil die Mehrzahl der Bürger den Leidensdruck, verursacht durch eine korrupte Verwaltung und unfähige Leute in der Politik, nicht mehr hinnimmt, sondern ausbricht und sich Pegida anschließt oder AfD wählt.

Dann ist Schluss mit der Schönrederei und den paradiesischen Versprechungen. Dann ist auch die grüne Bespaßungspartei nicht mehr gefragt. Dann muss wie schon früher in der Geschichte der Starke Mann her, der räumt auf, aber wie?! Wenn wir das wirklich wollen, dann nur weiter so!

Und noch einmal die allgemeinen, wichtigsten Punkte des neuen Grundprinzips: Wenn weniger Stückzahlen oder Einheiten verkauft werden zu einem deutlich höheren Endpreis, dann wird der Endverbraucher das Wegwerfen von brauchbaren Sachen entsprechend reduzieren. Die Industrie erleidet dadurch keine Verluste und der Gewinn bleibt in etwa gleich. Die Wirtschaft muss laufen, aber mit weniger Produktionseinheiten. Der Endverbraucher kauft zwar weniger, da alles viel teurer ist, er schmeißt dann aber auch viel weniger weg. Dafür hat er höhere Qualität mit doppelter und dreifacher Lebensdauer. Das ist doch für beide Seiten ein Gewinn!

Das Einsparen des Überflüssigen, ohne es wirklich zu merken oder gar darunter zu leiden, ist ein effizienter Weg, da das nach einer kurzen Gewöhnungszeit niemandem mehr weh tun wird. Überall ein bisschen weniger ist so erfrischend für den Verbraucher wie einige Kilos weniger für den Übergewichtigen.

Damit wird die Abkehr von den Wertlosprodukten, der Wegwerfgesellschaft und dem ewigen Wachstumswahn gelingen. Wenn nicht, dann müssen wir uns eben noch mehr Mühe geben, um diese sofortige Wende zu einem dauerhaften lebenswerten Dasein auf diesem wunderschönen blauen Planeten zu erreichen.

Strom, Gas, Kohle und Politik

Problemkreis Elektrik und Elektronik:

Hier wieder die 25 prozentige Einsparung ohne, dass es weh tut: Nicht für jede Kleinigkeit zum Supermarkt fahren, besser einen Einkaufzettel oder eine Handynotiz schreiben und viele Einkäufe auf einmal zu erledigen.

Nicht drei oder vier Mal im Jahr eine Kurzreise machen mit dem Flugzeug, sondern einmal im Jahr für längere Zeit einen Mittelstrecken- oder Langstreckenflug in den Urlaub machen.

Pendler fahren mit E-Autos zum Arbeitsplatz und zurück und laden nachts die Akkumulatorenbatterie am Hause oder in der Garage auf.

Ein völlig falscher Weg ist, die E-Autos für Langstrecken zu konzipieren und einzusetzen. Der heutige technische Stand der Herstellung von Akkumulatorenbatterien für größere Elektroautos und längere Strecken ist weitaus schädlicher als der Einsatz von PKW's mit kleinen Benzin- oder Dieselmotoren der neuesten Generation. Für den Fernverkehr ist dies eine sehr gute Zwischenlösung, bis später die wasserstoffbetriebenen Autos eingesetzt werden können. E-Autos für Langstrecken sind auch problematisch, da das Tanken von

Strom viel zu lange dauert, egal welche Tankstellen es auch immer sind. Eine sofortige Ladung gibt es bisher nicht; darüber hinaus sind die Akkumulatorenbatterien viel zu schwer, so dass man unnötig viel Gewicht große Strecken mitschleppen muss. Des weiteren ist die Aufladung der Batterien mit Tagesstrom wohl die normale Situation, das heißt am Tage muss Strom für die Aufladung der E-Autos benutzt werden. Und das ist richtig teuer! Darüber hinaus haben Unfälle mit hohen Geschwindigkeiten, z.B. auf Autobahnen, schrecklichste Folgen, die auch dadurch entstehen, dass die Fahrzeuge mit Elektroantrieb von der Feuerwehr kaum gelöscht werden können. Außerdem ist die Batterieherstellung äußerst umweltschädlich und das Recycling ist höchst problematisch und sehr aufwändig.

Wichtig ist zu wissen, dass der Windstrom, der in der Nacht fast kostenlos ist, wenn die Großwindanlagen auf See mangels Nachfrage in der Nacht trotz Wind stillstehen. Denn wenn der Nachtstrom nicht aufwändig in großen Wasserreservoirs gespeichert wird, hat er kaum einen Wert, weil es bis heute technisch nicht möglich ist, auf andere Weise Strom in großen Mengen zu speichern. Die Speicherung in Großakkumulatoren ist teuer, umweltschädlich und ineffizient. So wird weiterhin Wasser mit Nachtstrom betriebenen

Pumpen hunderte Meter hochgepumpt in riesige Wasserspeicher, um dann später wieder über Turbinen zur Stromerzeugung abzufließen, wenn er am Tage gebraucht wird.

Sehr viel Strom kann eingespart werden ohne Verlustgefühle, wenn weniger Kühlaggregate in Autos, Bussen, Zügen und Haushalten sowie in Waren- und Kaufhäusern eingesetzt würden. Und noch einmal: Kühlung verbraucht in etwa genauso viel elektrische Energie wie umgekehrt die Heizung, egal, ob diese Energie, durch Gas, Kohle oder Atom erzeugt wird.

In einer Übergangszeit von circa 5 Jahren kann sich der Hybridantrieb mit Benzin oder Diesel der neuen Bauart bewähren, bis die Wasserstoffzelle alltagstauglich wird. Antrieb mit Wasserstoffmotoren ist heute schon möglich, aber so teuer und aufwändig, dass eine Marktfähigkeit nicht gegeben ist.

Heute werden ungeheure Mengen an möglichem Windstrom nicht genutzt, denn wenn viel Wind zur Verfügung steht, werden z.B. nachts bei wenig Nachfrage nach Strom diese Windkraftanlagen gar nicht genutzt. Praktisch wird diese Energie vergeudet. Das technische Verfahren, Wasserstoff durch Elektrolyse aus Windstrom zu gewinnen ist heute technisch möglich. Voraussetzungen für eine großtechnische Gewinnung von sehr großen Mengen an Wasserstoff sind noch nicht gegeben, d.h.- sie sind noch gar nicht gebaut. Außerdem ist die Erzeugung von Strom in Wasserstoff heute noch eine sehr aufwändige Angelegenheit. Wichtig ist, dass bei dieser Elektrolyse keinerlei Umweltschaden entsteht, denn die Endprodukte dieses technischen Verfahrens sind Sauerstoff, welcher der Atmosphäre wieder zugeführt wird und Wasserstoff, ansonsten nichts weiter. Die Aufspaltung des Wassers in Sauerstoff O_2 und in Wasserstoff H_2 bedarf großer elektrischer Energien, die aber wie schon beschrieben, nachts praktisch "kostenlos" zur Verfügung stehen. Das gilt selbstverständlich nicht bei Windstille oder in windarmen Nächten auf Nord - oder Ostsee, die aber sehr selten sind. Das spielt aber eine nur geringe Rolle, weil der erzeugte Wasserstoff ohne Probleme gelagert und gespeichert werden kann und dann bei Bedarf an die jeweiligen Verbraucher geliefert werden kann. Also spielt der Zeitpunkt der Herstellung des Wasserstoffs aus Strom durch Elektrolyse keine wesentliche Rolle.

Das bisher unlösbar erscheinende Problem, riesige Stromtrassen von Norddeutschland nach Süddeutschland zu bauen, würde damit auch weitgehend gelöst sein. Das mit Nachtstrom aus den Windkraftanlagen auf Nord - und Ostsee gewonnene Gas, d.h. Wasserstoff, kann in den vorhandenen, weitgehend nicht ausgelasteten Gasleitungen von Nord nach Süd transportiert werden. Der Windstrom würde per Stromleitungen auf dem Meeresboden bis hin zu den großen Elektrolyse-Fabriken an Land gelangen, von hier aus würde dann der durch Elektrolyse erzeugte Wasserstoff durch heute schon vorhandene Rohrsysteme nach Süden gepumpt werden. Die unzähligen Einsprüche gegen den Bau solcher zumindest visuell landschaftszerstörenden Stromtrassen und die lang dauernden Prozesse danach wären überflüssig. Damit wäre das Menschheitsproblem, Strom in nennenswerten Mengen zu speichern, praktisch gelöst, wenn auch auf Umwegen über Wasserstoffspeicher.

Heutzutage werden die Kohlekraftwerke verteufelt, weil sie so umweltschädlich sind, was leider der Fall ist. Deshalb ist hier der Vorschlag, noch funktionsfähige Atomkraftwerke wieder in Betrieb zu nehmen. Leider ist das politisch nicht gewollt! Dennoch sei darauf hingewiesen, dass es ziemlich egal ist, ob z.B. 100.000 Tonnen hochradioaktiven Materials aus ausgebrannten Brennstäben der verschiedenen Atomkraftwerke oder aber die doppelte Menge, nämlich 200.000 Tonnen sicher gelagert werden müssten. Denn das Risiko und die Lager- und Kühlprobleme sind proportional gleich. Diese hoch problematischen radioaktiven Abfälle müssten, wie heute schon zur Zwischenlagerung üblich, in oberirdischen, gut gesicherten Lagern gekühlt und gewartet werden. Damit wäre zum mindesten die endlose Parodie der Endlagersuche für Atommüll überflüssig und beendet. Im übrigen ist in Deutschland der Stillstand der noch voll funktionsfähigen und sicheren Atomkraftwerke sehr teuer und auch ein Rückbau dieser Atomkraftwerke wäre kontraproduktiv und unsinnig teuer. Warum hat die Regierung das so entschieden? Im Blick auf spätere Generationen ist es überhaupt verantwortungslos gewesen, sich keine Gedanken darüber zu machen, was man mit den atomaren Abfällen anfangen würde. Die Hauptsache war nach der Vorstellung der Politiker, sauberen und umweltneutralen Strom zu erzeugen. Über das Danach wollte keiner nachdenken, weil es so bequem war, dem Mainstream der grünen Umweltschützer und Traumtänzer zu folgen.

Beim Thema Gas ist das Problem die sehr hohe Abhängigkeit von den Herkunftsländern, die uns das Gas liefern. In Krisenzeiten kann das Lieferland uns den Gashahn im wahrsten Sinne des Wortes zudrehen. Da das Gas ein wesentlicher Energieträger in Deutschland ist, darf das daraus folgende Chaos gar nicht erst eintreten. So sollte unbedingt vermieden werden, das für politische Machtspiele zu nutzen. Das wäre eine bittere neue Erfahrung, auch für die privaten Haushalte, denn dann bleibt nicht nur die Küche und das Wohnzimmer kalt, sondern auch Dusche und andere wichtige Einrichtungen. In Deutschland gibt es genug Kohle, zumindest Braunkohle, die man in solchen Notzeiten nutzen könnte. Zumindest sollte an diese Möglichkeit gedacht werden, so dass die Umstellung von Gas auf Kohle oder wieder von Kohle auf Gas relativ einfach zu erzielen wäre. Entsprechende Gas/Kohle - Heizanlagen gibt es heute noch im Fachhandel. Solche Heizkessel sind leider ziemlich aus der Mode gekommen wegen der heutigen Verteufelung der Kohle.

Ein weiterer großer Nachteil von Gas ist, dass es im Vergleich zu Kohle und Rohöl nur einen elften Teil der Energieausbeute hat, d.h. zum Beispiel ein PKW braucht auf 100 Kilometer 8 Liter Benzin. Für die selbe Strecke braucht aber ein mit Gas betriebenes Fahrzeug elf mal so viel, also 88 Liter Flüssiggas. Das ist besonders im Straßenverkehr schlecht, weil man in einem solchen Fahrzeug einen viel zu großen Flüssiggastank braucht. Das ist auch der Grund, weshalb sich der Gasantrieb im Straßenverkehr kaum durchgesetzt hat. Dieses Effizienzproblem von Gas gilt leider, wie weiter oben schon beschrieben, auch für die Akkumulatorenbatterien.

Bei beiden Energieformen ist es die mangelnde Effizienz aus relativ kleinem Treibstoffvolumen eine weite Strecke zu fahren oder einfach gesagt, es ist ein zu großer Tank bzw. eine zu große Batterie für eine kleine Strecke notwendig. Daran kann man auch mit modernster Technik wenig ändern. Nur eine geniale Erfindung, aus einer Minibatterie eine Megaleistung zu zaubern, wäre eine weltverändernde Lösung, von der die Menschen schon immer geträumt haben.

Wo wir jetzt schon einmal bei unpopulären Ideen sind, erscheint schon ein neuer ungeheurer Energieverschwender am Horizont. Die flächendeckende G5 Vernetzung verbraucht ungeahnte Mengen an Strom. Fachleute behaupten, dass zwei herkömmliche Atomkraftwerke nicht ausreichen würden, um diesen Strombedarf für die neue, schnelle Kommunikation zu decken. Auf diese Zukunftsaussichten sei an dieser Stelle nur hingewiesen, denn den immer mehr zunehmenden Kommunikationswahnsinn und den dafür aufgewendeten Strom könnte man in Zukunft sicher auch um 25% reduzieren, ohne dass es bei den meisten Menschen zu schwerwiegenden Verlustängsten käme. Im Gegenteil, es würde der allgemeinen Verdummung durch noch mehr und schnellere Informationen entgegenwirken.

Mögliche Lösungen für die Zukunft

Der grundsätzliche Ansatzpunkt ist Handeln durch Einsparung! Sehr viele Menschen sagen inzwischen: Geredet ist genug, nun muss gehandelt werden.

Das zuletzt beschlossene Umweltpaket der EU bis 2050 ist im Wesentlichen richtig und damit gut. Es ist aber völlig unzureichend, viel zu weit in die Zukunft gerückt und somit eine weitere Vernebelung der überlebenswichtigen Zukunftsaussichten der jungen Generationen. Die Verschleierung durch Lobbyisten und Politiker hilft nicht mehr! Die Katastrophe kommt nicht, sie ist da! Man sieht sie nicht, weil alle Fakten schöngeredet werden, aber sehr viele Menschen haben schon ein mulmiges Gefühl, eine dumpfe Vorahnung dessen, was unausweichlich auf sie zukommt. Eine sichtbare Tatsache ist das Zusammenbrechen der beiden großen Volksparteien CDU und SPD und die Flucht der Wähler, also der Bürger, in die paradiesischen Versprechungen der Grünen-Partei. Auch diese Öko-Heilsbringer reden alles schön, obwohl sie wissen, dass ihre Botschaften Schall und Rauch sind oder aber sie wissen sogar gar nichts von der Realität. Die Regierenden mit kaum einer Ausnahme klammern sich in verantwortungsloser Weise an ihre

Machtpositionen. Die meisten kämpfen um ihre Posten und Pensionen und verspielen durch ihr absichtliches Tun und ihre Führungsunfähigkeit eine erträgliche Zukunft der nächsten Generationen, das heißt die Zukunft der bereits lebenden Menschen. Für die heute noch nicht Geborenen gibt es bei einem "Weiter So" keine Zukunft, sie werde nicht mehr leben können, bestenfalls noch vegetieren.

Was müsste geschehen, um ein menschenwürdiges Überleben der nächsten Generationen überhaupt möglich zu machen?

Erster Schritt: 25% von Allem weniger! Dann sind wir noch weit über dem Lebensstandard von 1965 und damals ging es uns schon allen recht gut. Also Verzicht auf alles, was völlig überflüssig ist. Das tut kaum weh, hilft aber den totalen Zusammenbruch zu verhindern, zumindest ihn zu bremsen. Zum Beispiel ist die Elektromobilität Augenwischerei. Höchstens ist sie ein Übergangslösung im Stadtverkehr und im Pendlerverkehr bis zur Arbeitsstelle. Aber nur solange, bis die Brennstoffzelle flächendeckend einsatzfähig ist.

Zweiter Schritt: Bescheidenheit muss der Zeitgeist werden, durch Regierung und Medien unters

Volk gebracht. Protzen ist "out" und Verantwortung für das Ganze, das heißt die Gesellschaft, ist "in".

Dritter Schritt: Tiefgreifende Veränderungen für das allgemeine Leben können hauptsächlich und schnell über die Preise, also das Geld, erreicht werden. Das heißt: Strompreis, Wasserpreis, Benzinpreis, Gas- und Heizölpreis und die anderen Energieträger-Preise, als da sind Kohle, Atomstrom, erneuerbare Energien aus Nahrungsmitteln Raps, Mais, Sonnenblumen etc. drastisch erhöhen mittels parlamentarisch beschlossener Gesetze.

Vierter Schritt: Den wirklich Armen und den Bedürftigen Entlastung geben durch: Wer sehr wenig Energie aus den verschiedenen Energieträgern verbraucht, bekommt diese sehr billig. Das gilt auch für die alltäglichen Ressourcen wie Wasser u.a.! Wer sehr viel verbraucht, muss linear ansteigend viel mehr bezahlen.

Fünfter Schritt :Wer vom Staat geschützt werden will, muss arbeiten! Wer das nicht will bekommt nichts! Wer nicht arbeiten kann, weil er krank ist, wird unterstützt. Wer wirklich Bedürftiger ist, bekommt nach genauer Prüfung genug, um in menschenwürdiger Weise zu leben. Dann ist beispielsweise ein Flaschensammeln von sehr alten Leuten aus Abfallkörben und Mülleimern nicht mehr nötig. Ein allgemeines bedingungsloses Grundeinkommen schadet der Gesellschaft, weil es die Eigeninitiative der Begünstigten lähmt.

Sechster Schritt: Asylbewerber und Migranten bekommen zu essen, trinken und ein Dach über den Kopf und sonst nichts.

Siebter Schritt: Abgelehnte Asylbewerber, Flüchtlinge ohne Duldungs- oder sonstige Aufenthaltsgenehmigung bekommen nichts und müssen in Abschiebezentren.

Achter Schritt: Kriminelle Migranten, die gegen die deutschen Strafgesetze verstoßen, werden wie Kriminelle behandelt. Sie müssen sofort abgeschoben werden für immer! Bei Kapitalverbrechen müssen die Täter ins Gefängnis gehen wie einheimische Verbrecher ohne einen Ausländerbonus.

Neunter Schritt: Alle unsinnigen und bezüglich des Klimaschutzes unproduktiven Gesetze müssen von den Parlamentariern abgeschafft werden. Nötigenfalls müssen unwissende Politiker erst einmal in Nachschulungen geschickt werden, um danach über Fakten und nicht nur nach Bauchgefühlen zu entscheiden.

Zehnter Schritt: Die Gesellschaft, die Bürger, müssen über die Medien und die Politik zu einem traditionellen, christlichen Gemeinschaftsverständnis, einer Mindestmoral, einem normalen Respekt und Anstand und zur Mitverantwortung des Einzelnen gebracht werden.

Elfter Schritt: Die Kirchen und christlichen Einrichtungen sollen ein modernes, leicht verständliches Evangelium predigen, das auch die vielen inzwischen nur noch Halbgläubigen erreicht. Hauptaufgabe sollte in der tätigen Hilfe für die wirklich Armen und Bedürftigen, Hilflosen und Alten liegen. Dann haben auch alle Pastoren ihre wichtigste Aufgabe wieder und die Kirchen füllen sich mit Abgefallenen und Halbgläubigen, die so wieder einbezogen und gläubig werden. Sie müssen sich wie andere Religionen auch klar zum Christentum bekennen und soweit notwendig, vom Islam deutlich abgrenzen, so wie dieser es gegenüber allen anderen Religionen auch macht.

Zwölfter Schritt: Die Familie muss wieder im Mittelpunkt der deutschen Gesellschaft stehen. Die Menschen müssen das durch Egoismus und Neid entstandene gegenseitige Misstrauen abbauen können und im Nächsten den Mitmenschen und nicht den Konkurrenten sehen. Wieder Vertrauen schöpfen können zu ihrem eigenen Ich finden in christlicher Weise. Die zehn Gebote sind gar nicht so schlecht, wie unsere eigene Unmoral und Ignoranz es uns vormachen will. Wenn man sie richtig interpretiert sind sie sogar sehr modern.

Die Welt ist aus den Fugen geraten!

Nur ABC- (atomare, biologische und chemische) Waffen schützen uns noch vor einem Weltkrieg, dem letzten! Wie lange noch, das steht in den Sternen! Ein Umdenken und Umlenken innerhalb der bestehenden politischen Systeme ist nicht mehr möglich. Sie sind zu marode, korrupt und blind auf Gewinnmaximierung und Wachstum ausgerichtet. Die Skrupellosigkeit und das kriminelle Handeln in Wirtschaft, Politik und Gesellschaft hat alle logischen Grenzen überschritten. Selbsterneuerung oder Selbstheilung aus den weltweit kaputten Systemen heraus ist nicht mehr machbar, da Verantwortungslosigkeit der führenden Kräfte in Politik, Wirtschaft und Finanzen die Regel geworden ist. Jeder gegen jeden, jeder auf Kosten des anderen, dieses zerstörerische Verhalten in der Gesellschaft hat sich selbst überholt, es versinkt im Sumpf der Schönredner und Nichtstuer. Diese sind dem ewigen Wachstumswahnsinn hoffnungslos erlegen.

Wir schaffen das! Weiter so! Die Rente ist sicher! Energiewende! Atomausstieg! Kohleausstieg! Alternativlose Floskeln! Verlorenes Vertrauen soll durch Überzeugungsarbeit wieder gewonnen bzw. aufgebaut werden. Tatsache ist, dass ein wirklicher Vertrauensverlust nie wieder richtig rückgängig gemacht werden kann. Die zerbrochenen Teile des Vertrauens können im besten Fall wieder zusammengeklebt werden wie bei einer zerbrochenen Vase. Ursprüngliches Vertrauen ist nicht wiederzugewinnen, es bleibt immer ein Stachel des Misstrauens übrig. Diese Ausführungen sollen zeigen, dass zwar ein Umdenken alleine nicht zum Erfolg führen kann, sondern nur ein **Neu**denken, beziehungsweise ein **Neu**erfinden auf ganz anderen Wegen zu den Zielen einer zukunftsorientierten und zukunftsoptimistischen, neuen Gesellschaft. So kann die Welt der nächsten Generationen erschaffen werden, so wie es sie nie zuvor gegeben hat, aber dennoch von Zuversicht und Menschlichkeit geprägt ist.

Globalisierung und der digitale Wandel

Was soll eigentlich solch ein sinnloser Überfluss?

Sorgt dieser wirklich für mehr Bequemlichkeit? Die Frage ist doch, ob sinnloser Überfluss wenigstens Zufriedenheit oder Freude erzeugt. Wenn zum Beispiel eine Weinlieferung in zwei Kartons mit 18 Flaschen ins Haus kommt, ist es dann bequem, sie später im Altpapiercontainer zu entsorgen? Oder ist es nicht viel bequemer, die beiden Kartons zusammenzufalten und dem DHL-Fahrer bald wieder mitzugeben, oder aber sie zur Wiederverwendung abholen zu lassen von einem privaten Kartonverwertungdienst? Ein solcher Karton kostet bei der Lieferung vier bis sechs Euro, nur das Verpackungsmaterial. Ist es sinnvoll und verantwortungsvoll, wenn solche Kartons einfach weggeworfen werden? Eine vernünftige Antwort darauf ist ein Nein. Eine arme Familie in der Dritten Welt muss von diesem Betrag eine Woche lang leben.

Hier drängt sich noch eine weitere Frage auf: War die Globalisierung nur ein Vorteil für die Menschen, so wie es ihnen von den sogenannten Experten eingeredet wird? Auch das ist zweifelhaft, denn das Zauberwort Globalisierung hieße besser Monopolisierung. Weltweit mussten Millionen kleiner und mittelständischer Betriebe aufgeben, weil sie nicht mehr konkurrenz- und wettbewerbsfähig waren. Nach diesem verlorenen Überlebenskampf der Kleineren liegt nun die wirkliche Macht in der Welt in den Händen von einigen Dutzenden mächtiger Konzerne und Banken.

Die Digitalisierung wird heute vielerorts als Segen für die Menschheit gepriesen. Im Endergebnis wird diese dazu führen, dass die Maschine, der Computer, diktiert, was gemacht wird und wie es zu machen ist, also wie es gemacht werden muss.

Diese totale Vernetzung der ganzen Welt ist vielleicht der größte Fortschritt in der Menschheitsgeschichte, vielleicht ist aber auch die Digitalisierung der größte Fluch für die Menschheit, denn sie führt zur Entmündigung der Menschen und damit zur Unmenschlichkeit und zum Verlust der individuellen Freiheit und der Menschenwürde, dem Wesenskern des menschlichen Lebens.

Wie beginnt man mit dem Aufräumen der schlechten Gewohnheiten?

Wie setzt man die neuen Notwendigkeiten durch?

Wie überwindet man die alten Gewohnheiten und Bequemlichkeiten?

Ohne den Staat und seine Autorität, zu der er durch die demokratischen Wähler ermächtigt ist, geht es nicht! Nur mit dem Staatsapparat und dem Gewaltmonopol des demokratischen Staates können grundlegende Veränderungen durchgesetzt werden.

Neu erdachte Gesetzesvorlagen, die nicht denkkonform, wie "weiter so" und nicht dem Bisherigen, wie oben beschrieben, angepasst sind, gehen in den Bundestag und das Parlament beschließt dann über Ja oder Nein. Im föderalistischen Staat wirken selbstverständlich auch die Länderparlamente mit. Die Entscheidungen dürfen nicht unter Fraktionszwang der Abgeordneten erfolgen und die Abgeordneten müssen über die neuesten faktischen Fachkenntnisse im Anblick der auf sie zukommenden Klimakatastrophe verfügen oder zumindest informiert sein. **So** werden ganz neue Prioritäten gesetzt, wie Bescheidenheit und Nullwachstum. Das führt dann quasi zu Nullinflation, die dann auch zukünftig nicht durch mehr Wachstum ausgeglichen werden muss. Die Löhne bleiben im Wesentlichen unverändert bei stabiler Kaufkraft. Das ist kein Nachteil für die Arbeitnehmer.

In einer einsichtigen, weniger ideologisch ausgerichteten Medienlandschaft kann das schnell der sich nach Lösungen sehnenden Bevölkerung beigebracht werden. Denn wenn die Bürger die Wahrheit um die Klimaveränderungen und die daraus resultierenden Naturkatastrophen der Zukunft unwiderlegbar gesagt bekommen, werden sie nolens volens mitmachen und das tun, was die Politik, der Staat, von ihnen verlangt und sie werden auch zu persönlichen Opfern bereit sein. Das hat bisher schon die Coronakrise bewiesen.

Heute noch steht die Behandlung der Natur ganz hinten im Bewusstsein der Verbraucherkette, wo den Letzten die Hunde beißen. Die Natur muss in Zukunft ganz vorne stehen, schon vor der Produktionskette, also in den neu beschlossen Gesetzen, deren Befolgung durch strenge, unabhängige Kontrollen überwacht wird. Die der Wahrheit entsprechende Aufklärung wird die Motivation für die Bürger sein, bei all diesen Notwendigkeiten mitzumachen. Kluge Politiker müssten eigentlich wissen, dass sie gerade wegen dieser Ehrlichkeit wieder gewählt werden.

Die Abwiegler und Ignoranten, die "Leckmichs", denen die Zerstörung unserer Umwelt egal ist, müssen künftig hart bestraft werden für ihre mutwillige oder auch gleichgültige Schädigung oder Zerstörung in der Natur und Umwelt. Diese Strafgelder oder Geldbussen müssen nach neuen Gesetzen und entsprechender Rechtsprechung die aus Ordnungswidrigkeiten, Umweltvergehen oder gar Umweltverbrechen im Rahmen einschlägiger

Gerichtsurteile in einen Bundessonderfonds flie-
ßen, aus dessen Etat dann in allen Ländern der
BRD die "Heilung" der Umweltschäden durch
Aufforstung, Gewässerschutz, Hochwasserschutz,
Bewässerung und weitere Notmaßnahmen gegen
Naturkatastrophen wie Schnee- und Steinlawinen,
Bergrutsche und Felsabbrüche bezahlt werden.
Dieser Fond muss absolut zweckgebunden sein
und unabhängig kontrolliert werden. Der Einsatz
solcher sehr großen Summen würde sich lohnen.
Damit würde sich auch die sinnlose Gängelei der
Bürger durch ihre regionalen Behörden in Kleinig-
keiten wie zum z B. Laub oder ein paar Zweige im
Restmüll, nicht mehr lohnen und dann auch nicht
mehr geahndet werden. Es gibt viel Wichtigeres zu
tun, auch für die Behörden!

Fridays for Future, kein weiter so

Hier noch einige Denkanstöße zum sofortigen Klimaschutz.

Das Eindämmen der Verschwendung in Wirtschaft und Gesellschaft hat auch eine Veränderung auf dem Arbeitsmarkt zur Folge. Wie schon im ersten Kapitel beschrieben, muss eine Qualitätsverbesserung und die damit einhergehende Reduzierung der Stückzahlen in der Produktion zu einer gleichverteilten Arbeitszeitverkürzung für alle auf ungefähr 25 Stunden pro Woche führen. Damit gibt es mindestens 35% mehr Arbeitsplätze.

Die Löhne werden durch die höhere Qualität der Produkte garantiert, denn diese werden in Zukunft für einen wesentlich höheren Preis verkauft. Die aufgeblähten Lohnnebenkosten müssen auch um ein Viertel gesenkt werden. Das ist möglich, wenn man den Kreis der Berechtigten auf diejenigen beschränkt, die auch die Beiträge erarbeitet haben. Darüber hinaus muss die ungeheure Verschwendung an Medikamenten und sonstigen Produkten der Pharmaindustrie durch einen deutlich höheren Eigenanteil der Verbraucher eingedämmt werden, von dem natürlich chronisch und schwer Kranke ausgenommen sein sollten.

Eine ganz neue Einschätzung des Wertes eines Arbeitsplatzes ist notwendig. Heutzutage werden die einfachen Arbeiten abgewertet und deshalb will sie keiner mehr machen. Es ist keine Frage der Bezahlung pro Stunde, sondern vielmehr, dass niemand mehr diese einfachen Arbeiten machen will, selbst dann nicht, wenn er zu anderen Arbeiten gar nicht befähigt ist und auch noch einen recht hohen Stundenlohn bekommen würde. So gibt es z.B. in der Land-und Forstwirtschaft hunderttausende Arbeitsplätze, die nicht besetzt werden können. So müssen Menschen, die für die Gesellschaft äußerst wichtige Arbeiten verrichten, wie das Aufforsten von Wäldern, Säuberung vieler Orte von Müll, Einsammeln der Plastikberge und sonstigen Relikten der Wegwerfgesellschaft an Stränden und anderen Orten, die Beseitigung des Zivilisationsschrotts an Ufern und Waldrändern und vieles andere mehr, sich auch noch von manchem anderen Mitmenschen belächeln lassen. Solche Arbeiten müssen angemessen bezahlt werden, denn sie dienen der gesamten Gesellschaft und müssen darüber hinaus den Ruf haben, dass sie sehr wichtig für die Bevölkerung sind. Das hebt enorm das Ansehen dieser Berufe. So verdienen z. B. Müllfahrer gutes Geld und genießen darüber hinaus Ansehen, weil sie unbedingt gebraucht werden.

Die neuen, modernen, zukunftsweisenden Gesetze in Deutschland können auch eine Vorreiterrolle Deutschlands in der ganzen Welt bewirken, etwa bei umweltschonenden Methoden oder Maschinen. Wichtig ist, dass es funktioniert! Und natürlich müssen diese Gesetze erst geschaffen werden. Dann werden viele Länder in der Welt dieses neue Vorgehen und Verhalten mit den sichtbaren Erfolgen nachahmen. Insbesondere ist die Mobilität auf der ganzen Welt ein Problem. Wie schon ausgeführt, ist es unmöglich, dass die ganze Weltbevölkerung den Lebensstandard haben kann und leben wird, wie es in der westlichen Welt heutzutage noch üblich ist.

Also müssen öffentliche Verkehrsmittel überall ausgebaut werden und sehr preiswert sein. Fahrräder, Motorräder und kleine Autos müssen die vorgestellten Wünsche von Milliarden Menschen zufriedenstellen. Um die Armen und sozial Schwachen zu unterstützen, müssen Preise für Strom, Gas, Wasser und Heizöl gestaffelt sein. Ein geringer Verbrauch wird belohnt durch einen sehr niedrigen Preis pro verbrauchter Einheit. Und wer sehr viel mehr verbraucht muss tief in die Tasche greifen.

Die reichen Industriestaaten müssen unbedingt den ärmeren Ländern in der Dritten Welt VIEL abgeben von ihrem Besitz und Wohlstand, aber nur in der Form einer starken Hilfe zur Selbsthilfe. Tun sie das nicht, werden die Menschenmassen aus diesen armen Ländern zu ihnen kommen. Grenzschutz ist, wenn viele Millionen kommen, unwirksam. Es müssten in einem solchen Fall Massenvernichtungswaffen eingesetzt werden, die aber den erkennbaren Nachteil haben, dass man sich selbst mitvernichtet. Schon deshalb ist die Wahrscheinlichkeit des Einsatzes solcher Waffen sehr gering. Ein Unterschied im Wohlstand wird immer in der Welt bestehen, denn Leistungsfähigkeit und der Leistungswille sind sehr unterschiedlich verteilt, oft auch von den verschiedenen Religionslehren. Wir sollten die Segnungen der westlichen Welt nicht in alle Regionen diese Erde tragen. Starke Hilfe ist gut, doch Missionierung in jeder Form ist schlecht. Eine kluge Erkenntnis Friedrichs des Großen war: Jeder soll in seinem Lande nach seiner Fasson selig werden, solange er andere nicht belästigt oder schädigt.

Die Ideen und Vorschläge, die hier erklärt worden sind, sind ja schön und gut, aber ihre tatsächliche Durchführung erscheint schwierig oder unrealistisch. Nach den heutigen Maßstäben in Politik und Gesellschaft kann das freiwillig nicht funktionieren. Das muss die Aufgabe von Regierungen und Parlamenten sein.

In den europäischen und sonstigen westlichen Demokratien ist das Recht zu demonstrieren ausdrücklich in den Verfassungen garantiert. Fridays for Future ist eine notwendige, wichtige Bewegung der Jugend. Die jungen Generationen haben tatsächlich die Lasten der Umweltzerstörungen, die heute schon sehr deutlich sichtbar werden, auszubaden. Das jedoch den Generationen der Eltern und Großeltern als Schande vorzuwerfen ist ungerechtfertigt. Richtig ist aber, das"Weiter So" nicht mehr länger mitzumachen. Deshalb sind die vielen Demonstrationen, organisiert von Fridays for Future gut, weil die bis heute beschlossenen Klimaschutzmaßnahmen, die in den Pariser Klimaverträgen festgelegt worden sind, völlig unzureichend sind, um den Klimakatastrophen in den kommenden Jahren zu entgehen.

Kinder und Jugendliche haben gegenüber ihren Eltern einen gewaltigen Einfluss, wenn sie sich verweigern. Auch Demonstrationen in der Zeit des Schulunterrichts sind wohl nötig, denn nur so haben Forderungen der demonstrierenden Jugend eine Durchschlagskraft und erwecken auch noch ein erhebliches Medieninteresse. Die immer wiederholten Absichtserklärungen und Gebetsformeln wie weiter so oder wir schaffen das sind überholt, sie entsprechen nicht mehr der heutigen Realität.

Wichtig ist, die alten Generationen, also auch die Eltern, mit einzubeziehen, sie mitzuziehen und "umzuschulen". Die jungen Leute in Fridays for Future haben in ihrer Solidarität eine enorme Macht erkannt, die sie gegenüber den älteren Generationen, d.h. der gesamten Gesellschaft, der Politik und Wirtschaft ausüben können. Es ist sehr zu wünschen, dass diese legale und friedliche Bewegung so lange durchhält, bis weit größere Erfolge, der Klimaveränderung entgegenzuwirken und sie abzuschwächen, eingetreten sind. Hoffentlich lassen sie sich nicht durch Randalierer, Gewaltbereite, und Kriminelle unterwandern.

Recycling und die Ex und Hopp-Kultur

Hier noch einige Beispiele aus einer Vielzahl von hunderten ähnlicher Tatsachen:

Noch immer werden bei uns viel zu viele Lebensmittel weggeworfen. Dadurch geht mehr als ein Drittel an Lebensmittel verloren, obwohl diese noch gut zu gebrauchen wären. Sehr positiv ist, dass viele Supermärkte inzwischen Lebensmittel, die kurz vor dem Verfallsdatum sind, an Tafeln weitergeben. Es gibt auch viele Leute, die Lebensmittel oder Getränke schon an ihrem Verfallsdatum wegwerfen. Deshalb sollte das Verfallsdatum bei Lebensmitteln unterschiedlich gekennzeichnet werden. Bei leicht verderblichen Lebensmitteln und Getränken ist es notwendig, dass das Verfallsdatum nicht überschritten werden darf. Für die übrigen sollte ein unverbindlicher Hinweis genügen.

Ähnlich wie bei den Lebensmitteln verhält es sich bei den Medikamenten. Es werden Unmengen an Medikamenten weggeworfen, weil ihr Verfallsdatum abgelaufen ist oder sie nicht mehr gebraucht werden. Auch wird von zahlreichen Menschen eine Art Lagerhaltung praktiziert, deren Bestand dann immer mal entsorgt wird, d.h. auf dem Müll landet.

Bei Kleidung sieht es nicht besser aus. Sie wird gekauft und gekauft, kaum getragen und dann nach einiger Zeit einfach weggeworfen. Das ist möglich, weil diese Kleidung so unglaublich billig ist, und das alles zum Schaden ausländischer Arbeitskräfte durch Hungerlöhne und auch ganz massiv zu Lasten unserer Umwelt. Ein Weniger von 25% dieser unseligen Gewohnheiten im Durchschnitt wäre eine sofortige große Entlastung der Umwelt und unseres Klimas.

Eine unglaublich zerstörerische Wirkung für Umwelt und Klima hat die Herstellung von Hochglanzdrucken in der Regenbogenpresse, der Werbung und sonstigen zum alsbaldigen Wegwerfen bestimmten Farbdrucken. Auch hier gilt 25% weniger ist eine erhebliche Hilfe für unsere Zukunft.

Auch das Milliardengeschäft der Verpackungs- sowie der Kosmetikindustrie mit dem Vermeidbaren, d.h. dem Unnötigen, würde die Zerstörung des Klimas deutlich reduzieren, wenn das sinnlose Viertel einfach nicht produziert würde. Leider ist Gegenteil der Fall, denn die Zustellung der Online Käufe erfolgt in Einweg-Kartons bzw. Verpackungen. Das wurde weiter oben schon ausführlich behandelt. Viele Leute sagen, dass ist doch alles gut so, denn wir haben ja das Recycling. Das ist ein schwerer Irrtum! Auch die Damen könnten ihre Kosmetikgewohnheiten der Umwelt zuliebe reduzieren ohne es zu spüren, sie würden dann einfach weniger noch Brauchbares wegwerfen.

Recycling ist eine tolle Erfindung! Das weggeworfene Material, d.h. der Abfall, ist ja da. Auch schafft Recycling Arbeitsplätze. Der entscheidende Nachteil ist jedoch, dass Recycling u.a. enorm viel Energie verbraucht. Das gilt schon für die Wiederverwertung von Papier und Plastik. Erschreckend wird der Energieverbrauch erst, wenn es sich um Wiederverwertung, sprich Recycling von Aluminiumdosen und anderen Aluminiumverpackungen handelt. So verbraucht z.B. das Recycling einer Coladose so viel Energie wie man aus deren Inhalt an Rohöl gewinnen könnte. Das steht in keinem guten Verhältnis zum Gewinn, hier wird wieder die Umweltschädigung nicht berücksichtigt.

Eine unverantwortliche, gegen jeden Klimaschutz verstoßende Schädigung der Umwelt und damit Förderung des Klimawandels ist die flächendeckende Ausleuchtung von Ballungsgebieten, die voll ausgeleuchteten und im Winter sogar beheizten Straßen und Autobahnen (z.B. im Großraum Brüssel) oder die Beleuchtung von öffentlichen Gebäuden oder Bürotürmen die ganze Nacht oder auch das Beleuchten von Kirchtürmen in der Nacht, wenn alle schlafen.

Hier noch einmal zur Elektrik: Der Strompreis muss gestaffelt sein. Wenig Stromverbrauch, d.h. Kilowattstunden pro Monat wird billig und je höher der Verbrauch steigt, umso teurer wird die Kilowattstunde. Dann würde mancher Hausbewohner dazu übergehen, wenig bewohnte Räume in einem Hause schwach oder gar nicht zu beheizen und wenn nötig mit Heizstrahlern nach Bedarf und nur für Zusatz - und Direktbestrahlung zu heizen.

Der weltweite Flugverkehr wird bis heute nicht als ein großer Klimakiller gesehen. Dahinter steckt, dass viele Vielflieger wie Politiker und Geschäftsleute das gar nicht wollen. Das muss sich ändern. Die Vielfliegerei, insbesondere auch die Schnäppchenflüge für Kurzurlaube oder ein Wochenende zum Shopping nach New York etc. müssen schmerzhaft teurer werden.

Der Rückgang, d. h. weniger Umsatz wird dann kompensiert durch den viel höheren Rohgewinn. Die Folge wäre dann motiviertes und gut bezahltes Personal, das weit mehr als Dienst nach Vorschrift machen würde. Über Arbeitsplatzwechsel und zumutbare Arbeit muss wohl noch einmal nachgedacht werden. Durch den rapiden Wandel von Klima und Gesellschaft wird das Zuckerlecken in der Arbeitsplatzwahl zu sogenannten unzumutbaren Arbeiten so ziemlich vorbei sein. Viele Erfolgreiche haben bewiesen, dass man auch von sogenannten niederen Arbeiten wie z.B. in der Landwirtschaft leben kann, vielleicht sogar viel zufriedener mit etwas weniger Geld. Die Frage des persönlichen Ansehens wird bei "Niederen Arbeiten" immer unwichtiger werden, wenn Anpassungsfähigkeit, Flexibilität und Bescheidenheit wieder in den Vordergrund des Bewusstseins rücken. Das klingt alles nach sozialer Ungerechtigkeit! Viele sagen: 25 Prozent weniger tut doch nur den Armen weh, die Wohlhabenden fühlen das Weniger kaum! Das ist leider richtig! So hat beispielsweise ein Armer ein Fahrrad und braucht es täglich. Der Wohlhabende dagegen hat drei Fahrräder, braucht täglich aber höchstens eines davon. Sind zwei nicht mehr da, fehlt ihm nichts.

Aber das Umverteilen und Glücklichmachen, wie es heutzutage zur Erzielung von Wählergunst üblich ist, wird dann zur Farce, wenn die Realität zuschlägt, und die kommt unaufhaltsam auf uns zu.

Wenn die Reichen und Besserverdienenden nicht mehr da wären, dann würde die Wirtschaft stillstehen und für die breite Masse keine Arbeit mehr da sein. Der Ruf, nehmt es den Reichen weg und verteilt es unter dem Volke! Das geht eben nicht so einfach und auf Dauer bedeutet es den Ruin für alle. Das ist die bittere Wahrheit in der modernen Wirtschaftsgeschichte.

Mit etwas mehr Bescheidenheit haben die Menschen alles, um zu leben, aber sie leben nicht mehr im Überfluss. Der bringt wie beschrieben keine besondere Zufriedenheit oder gar beständiges Glücksgefühl.

Und hier noch einige kurze Beispiele für Überflüssigkeit:

Die per Gesetz auf Initiative des Finanzministers eingeführte Kassenbonpflicht, auch für Mini-Beträge wie ein Brötchen, führt zu riesigen Bergen an überflüssigem und schwer vernichtbarem Müll. So soll in diesem Bereich Steuerverkürzung unterbunden werden. Die Absicht ist gut, aber der Erfolg wird negativ sein. Die Kleinen werden Wege finden, im Kleinen so weiterzumachen und die Großen werden im Großen auf ihre Weise Steuern vermeiden. Die Kurzsichtigkeit einiger Politiker ist immer wieder überraschend! Wir leben doch im elektronischen Zeitalter, dem Zeitalter der Digitalisierung, da sollten wir doch in der Lage sein die elektronische Speicherung von Daten zu beherrschen und keine solchen überflüssigen Papierberge mehr zu erzeugen.

Trotz der elektronischen Speicherung hat die Papierflut durch überflüssiges Ausdrucken unakzeptabel zugenommen. Auch das lässt sich ändern mit ein wenig Einsicht und weniger Anforderungen durch die Bürokratie.

Wir haben es uns von der amerikanischen Leitkultur abgeschaut : Ex und hopp! Alle Arten von Wegwerfbehältern müssen nach einmaligem Gebrauch entsorgt werden. Was ist das für eine grenzenlose Verschwendung! Für so eine Dummheit sollen wir leiden ? Nein, es ist besser, die Einwegflaschen, Einwegdosen und sonstige Einwegverpackungen weitgehend zu vermeiden. Die heute übliche Verschwendung ist eine Blamage für unsere Wohlstandsgesellschaft. Einwegverpackungen jeder Art sollten mit einer hohen Umweltabgabe (Steuer) belegt werden. Die in Deutschland üblichen, hohen Pfandgebühren haben leider nicht bewirkt, dass der Anteil an Mehrwegbehältern gestiegen wäre. Wie wir heute sehen, führt das Pfandabgabeverfahren dazu, dass verarmte alte Leute nunmehr in Abfalleimern nach Flaschen und Plastikbehältern abtauchen und suchen, um ein paar Euro mehr zum Leben zu haben. Zur Verhinderung der Produktion von Wegwerfbehältern sowie Ramschwaren sollte es ein streng überwachtes Qualitätssiegel für den Verkauf brauchbarer Ware geben. Die Kontrolle über diese

Siegelvergabe müsste streng und neutral finanziert sein. Eine Behörde oder ein Beliehenes Unternehmen wie z.B. der TÜV.

Ergebnis: Ohne Siegel kein Verkauf! Das klingt ungewohnt grausam, aber wir werden noch viel mehr tun müssen für die Erhaltung unserer Umwelt. Wir brauchen vieles nicht, z.B. brauchen wir keine Laubbläser mit Benzinmotor, denn die Arbeit mit diesem Gerät ist eine Tortur und sehr gesundheitsschädlich für alle, wenn Kot und Urin der Tiere vermischt mit Staub und Feinstaub als Dreck in die Luft geblasen wird. Wollen wir das eigentlich? Ist ein Laubbesen nicht viel gesünder für den Arbeiter, wie auch die Passanten?

Zum Schluss noch: Auch der Missbrauch unserer großzügigen Sozialsysteme schädigt in mittelbarer Weise Klima und Umwelt. Dazu kommt auch noch die verbreitete Schwarzarbeit, die befeuert wird durch zu hohe Steuern und Abgaben auf reguläre Arbeit. Die dadurch fehlenden Milliardenbeträge gehen dem Staat, der Wirtschaft und der Gesellschaft sowie dem Schutze unsere Gesundheit, unserer Umwelt und unseres Klimas verloren.

Ob die acht Milliarden Menschen, die heute unsere Erde bewohnen, sich noch besinnen und dem Luxus und dem Überfluss absagen, bevor der Klimawandel in Eigendynamik übergeht und unaufhaltsam zur Klimakatastrophe wird, weiß niemand.

Der Aufschrei der am härtesten Betroffenen, der Jugend, vertreten in Fridays for Future in den Demonstrationen für die Rettung des Klimas und gegen die fortschreitende Zerstörung unserer Umwelt ist erfolgsversprechend, denn Kinder haben auch einen sehr starken Einfluss auf ihre Eltern und nicht nur die Eltern auf ihre Kinder. Wenn die Kinder und Jugendlichen sich den Wünschen und Forderungen der Eltern verweigern, dann werden die Eltern handeln müssen und durch den Druck der Demonstrationen schnell, wirksam und nachhaltig aktiv einschneidende Maßnahmen gegen den Wandel des Klimas ergreifen müssen in Politik, Wirtschaft und Kirche.

Diese Erkenntnisse und Anregungen zu Lösungen, wie sie hier beschrieben worden sind, werden wohl ein untauglicher Versuch am untauglichen Subjekt bleiben. Aber man sollte die Hoffnung auf die späte, der Not gehorchend Vernunft der führenden Kräfte in den Nationen dieser Welt nicht aufgeben, denn manchmal geschehen am Ende doch noch Wunder!

Corona, Cov2 - ein Alptraum

Und nun noch im März 2020 der Mega-GAU, das Coronavirus! Dieses winzige Geschöpf wird alles verändern wie vor 500 Jahren Pest und Cholera.

In unserer heutigen werte- und morallosen Gesellschaft des blinden Egoismus, der Gier, des Hasses, der Selbstherrlichkeit, der Verlogenheit und nicht zuletzt der Kaltherzigkeit verdunkelt dieses winzige Ungeheuer unser jetziges "schönes" Leben. Tschernobyl oder die größte Atombombe konnten nur einen Bruchteil des aktuellen weltweiten Schadens anrichten wie dieses Monster-Virus. Hier passiert etwas wirklich NEUES! Möge aus dem Schrecklichen unter Schmerzen etwas "Gutes Neues" geboren werden, das die zukünftige Entwicklung der Menschheit bestimmen wird. Wir haben das nicht mehr in der Hand. Wir müssen mit diesem neuartigen Erreger leben und handeln sowie hoffen, dass wir einen so schweren Schlag nicht noch einmal erleben müssen. Das wäre wohl das Ende unserer heute gelebten Wohlstands-Zivilisation.

Die extreme Gefahr durch dieses Monster-Virus hat drei grundlegende Ursachen: Erstens die außerordentlich hohe Ansteckungsgefahr, die im

Verborgenen, im Unsichtbaren stattfindet und deshalb weitgehend ignoriert oder verharmlost worden ist. Zweitens die lange Inkubationszeit (14 Tage), in der die schwere Lungenentzündung sich häufig ohne Symptome anbahnt und schon in dieser langen Zeit höchstgradig ansteckend ist, das ist wirklich teuflisch. Das Schlimmste ist die Arglosigkeit der Menschen gegenüber diesem unsichtbaren Feind, aus der sich dann Sorglosigkeit und Leichtsinn ergeben kann. Und drittens die sehr vielen Toten in der ersten Pandemie im 3. Jahrtausend durch die große Masse der Infizierten, ohne Antikörper im Blut, bis heute ohne wirksame Medikamente, noch ohne Impfschutz, schutzlos der verheerenden Flut der Corona-Viren ausgesetzt. Und das auch noch in einer exponentiellen Ausbreitungsgeschwindigkeit, die vielleicht zur Anschaulichkeit vergleichbar mit einer Schneeballsystem-Pyramide ist.

Die ganze Coronasituation ist neu für die Menschen und wird eine langandauernde, hoffentlich positive Wirkung haben, nämlich weg von dem alles zerstörenden Leben des "Jeder gegen Jeden und Jeder auf Kosten des Anderen". Am Ende hat doch niemand einen Gewinn davon! Zerstörung ist nun einmal kein Vorteil oder gar ein Gewinn! Alles das, was wir mit unserem besten Willen an individuellen Überlebensstrategien nicht schaffen, müssen wir der Not gehorchend durch Fatalismus besiegen: Was ich nicht ändern kann (weil ich zu klein bin), das überlasse ich dem Schicksal, ob durch die Götter bestimmt oder aus dem Universum kommend.

Nun haben wir schon Mitte Mai und immer noch wütet das teuflisch tückische Virus Cov2 in der ganzen Welt. Viele tausende Menschen hat es dahingerafft und ein Ende ist noch nicht in Sicht.

Die abwartenden Beschlüsse der Bundesregierung und der Länderchefs Mitte April sind wohl das Beste, solange man nicht einmal weiß, wie viel Zeit die Immunität der wieder genesenen Menschen gegen dieses Virus anhält und noch nicht geklärt ist, wie viele Leute wirklich schon diese Krankheit gehabt haben. Die höchstmögliche Vorsicht ist sicher noch das Gebot der Stunde.

Die Lockerungen der Quarantänebestimmungen werden wohl von vielen Menschen falsch verstanden werden, nämlich als eine Art Entwarnung.

Bestenfalls verschwindet das Virus nach einigen Monaten, in denen noch viele Leute erkranken werden, weil inzwischen ungezählte Menschen in Deutschland fast ohne oder ganz ohne Symptome Covid-19 gehabt haben und damit immun gegen diese Virus geworden sind; für wie lange Zeit, ist heute noch unklar.

Es besteht die berechtigte Hoffnung, dass wegen noch nicht genügend vorhandener Testmöglichkeiten die Dunkelziffer der Cov2-Infizierten ein Vielfaches höher liegt als angenommen. Dann wären wir diese Ausgeburt des Teufels ziemlich bald los, weil genügend Menschen Antikörper gegen dieses Virus bereits gebildet hätten.

Es bleibt noch eine weitere Frage offen, ob auch die Hilfsbereitschaft, die Disziplin, das Zusammengehörigkeitsgefühl und nicht zuletzt das Mitgefühl für den anderen Menschen nach dem Coronaschock noch erhalten bleibt?

Wir würden es uns doch alle wünschen.